家装参谋 第2季
精选图集

HOME OUTFIT REFERENCE

时尚 卷

家装参谋精选图集第2季编写组 编

机械工业出版社
CHINA MACHINE PRESS

"家装参谋精选图集"包括5个分册，以当下流行的家装风格为基础，结合不同材料和色彩的要素运用，甄选出大量新锐设计师的优秀作品，通过直观的方式以及更便利的使用习惯重新分类，以期让读者更有效地把握装修风格，理解色彩搭配，从而激发灵感，设计出完美的宜居空间。每个分册均包含家庭装修中最重要的电视背景墙、客厅、餐厅和卧室4个部分的设计图例。各部分占用的篇幅分别为：电视背景墙30%、客厅40%、餐厅15%、卧室15%。每个分册穿插材料选购、设计技巧、施工注意事项等实用贴士，言简意赅、通俗易懂，可以让读者对家庭装修中的各个环节有一个全面的认识。

图书在版编目（CIP）数据

家装参谋精选图集. 第2季. 时尚卷 ／ 《家装参谋精选图集》编写组编. — 2版. — 北京 ： 机械工业出版社，2015.1
ISBN 978-7-111-49291-7

Ⅰ. ①家… Ⅱ. ①家… Ⅲ. ①住宅－室内装饰设计－图集 Ⅳ. ①TU241-64

中国版本图书馆CIP数据核字(2015)第022861号

机械工业出版社（北京市百万庄大街22号　邮政编码 100037）
策划编辑：宋晓磊　　　　　　　责任编辑：宋晓磊
责任印制：乔　宇　　　　　　　责任校对：白秀君
保定市中画美凯印刷有限公司印刷

2015年2月第2版第1次印刷
210mm×285mm · 6印张 · 190千字
标准书号：ISBN 978-7-111-49291-7
定价：29.80元

目录

Contents

电视墙
DIAN SHI QIANG

电视墙的设计原则

电视墙一般是作为客厅最重要的装饰平面出现的,因此其设计对客厅的装饰效果具有决定性的意义。电视墙的装饰设计一般要遵循以下四个原则。

1. 位置要正对观看者。一般要求电视的位置要正对观看者,任何斜位、侧位都易造成观看者的不适,所以电视墙的位置也要正对观看者。

2. 色彩和纹理应柔和、细腻。电视墙应以柔和的色彩为主,过分鲜艳的颜色容易给人带来压迫感;纹理应细腻,太夸张的纹理容易造成视觉上的疲劳。

3. 应维持一定的照度。很多人习惯关掉客厅的主照明灯光观看电视,因此电视墙应设计1~2处柔和的背景灯。照度合理的背景灯能降低电视屏幕与黑暗环境的反差,在保护人们视力的同时,也会使电视屏幕看起来更加悦目柔和。

4. 应能使电视牢固安装并事先预留管线。这是出于保证电视墙的功能性和美观性而考虑的。

印花壁纸

印花壁纸

装饰灰镜

黑胡桃木装饰立柱

雕花茶镜

车边灰镜　　　　　中花白大理石

爵士白大理石

印花壁纸

陶瓷锦砖拼花

强化复合木地板

黑色烤漆玻璃 ┄┄┄┄┄┄┄

白色人造大理石 ┄┄┄┄┄┄┄

石膏板 ┄┄┄┄┄┄┄

条纹壁纸

装饰银镜

布艺软包

米色网纹大理石

混纺地毯

车边茶镜

黑色烤漆玻璃

雕花烤漆玻璃

黑色烤漆玻璃

爵士白大理石

印花壁纸　　　　　　　　　　白枫木装饰立柱

陶瓷锦砖

灰镜装饰线

车边银镜

茶色镜面玻璃

中花白大理石

装饰灰镜

雕花灰镜

中花白大理石

黑色烤漆玻璃

米色网纹大理石

石膏板拓缝

装饰灰镜

装饰灰镜

白枫木踢脚线

印花壁纸

陶瓷锦砖

雕花烤漆玻璃

客厅电视墙的色彩设计

　　电视墙作为客厅装饰的一部分，在色彩的把握上一定要与整个空间的色调相一致。如果电视墙色系和客厅的色调不协调，不但会影响感观，还会影响人的心理。电视墙的色彩设计要和谐、稳重。电视墙的色彩与纹理不宜过分夸张，应以色彩柔和、纹理细腻为原则。一般来说，淡雅的白色、浅蓝色、浅绿色、明亮的黄色、红色饰以浅浅的金色都是不错的搭配，同时，浅颜色可以延伸空间，使空间看起来更大；过分鲜艳的色彩和夸张的纹理会让人产生视觉疲劳，进而会让人有一种压迫感和紧张感。

石膏板拓缝

黑色烤漆玻璃

条纹壁纸

印花壁纸

白枫木装饰线

皮纹砖

雕花烤漆玻璃

米黄大理石

雕花灰镜

木纹大理石

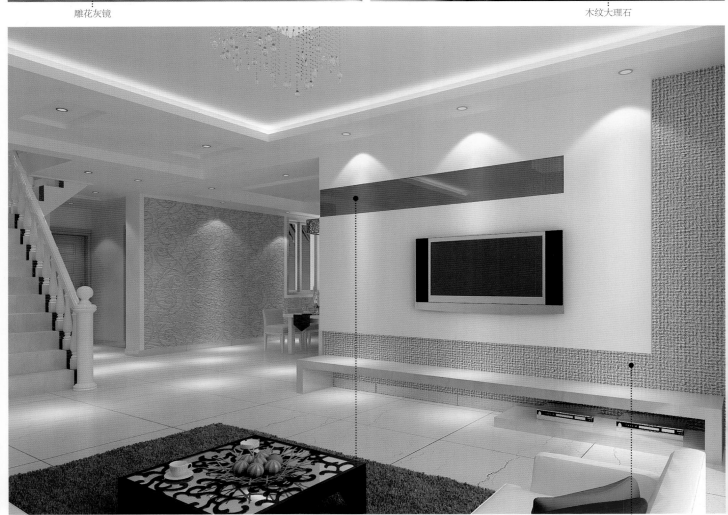

茶色烤漆玻璃

肌理壁纸

水曲柳饰面板 ······

中花白大理石 ······

羊毛地毯 ······

桦木饰面板

木纹大理石

石膏板拓缝

米色玻化砖

 陶瓷锦砖

木纹大理石

黑色烤漆玻璃

肌理壁纸　　　　　　　　　　　米色大理石

银镜装饰线

白色乳胶漆

强化复合木地板

黑色烤漆玻璃

石膏板拓缝

木纹大理石

雕花银镜

桦木饰面板

立体艺术墙贴

装饰灰镜

米色大理石

印花壁纸

车边灰镜

木纹大理石

装饰银镜

米色大理石

雕花烤漆玻璃

泰柚木踢脚线

混纺地毯

桦木饰面板

如何表现电视墙的质感

电视墙的质感是通过装饰材料的表面组织结构、花纹图案、颜色、光泽度、透明度等给人的一种综合感觉。装饰材料的软硬、粗细、凹凸、轻重、疏密、冷暖等可以给电视墙带来不同的质感。相同的材料可以产生不同的质感，如光面大理石与烧毛面大理石、镜面不锈钢板与拉丝不锈钢板等。一般而言，电视墙粗糙不平的表面能给人以粗犷豪迈感，而光滑、细致的平面则给人以细腻、精致之美感。

黑色烤漆玻璃

印花壁纸

云纹大理石

石膏板拓缝

条纹壁纸

有色乳胶漆

桦木饰面板　　　　　　　　　　肌理壁纸

黑镜装饰线

印花壁纸

水曲柳饰面板

印花壁纸

石膏板雕空 ……………

印花壁纸 ……………

黑色烤漆玻璃

条纹壁纸

米黄色洞石

混纺地毯

装饰银镜

桦木饰面板

石膏板拓缝

条纹壁纸

装饰灰镜

条纹壁纸

石膏板拓缝

车边灰镜

皮纹砖

装饰灰镜

石膏板肌理造型　　　　　　　　　装饰灰镜

泰柚木饰面板

黑色烤漆玻璃

有色乳胶漆

石膏板拓缝

白色人造大理石 ┈┈┈┈┈┈┈┈┈┈┈┈┈┈┈┈┈

布艺软包 ┈┈┈┈┈┈┈┈┈┈┈┈┈┈

装饰灰镜

强化复合木地板

黑镜装饰线

水曲柳饰面板

装饰银镜

白枫木饰面板

装饰灰镜

用壁纸装饰现代风格电视墙

　　不管何种装饰风格，客厅的装饰都必须有一面焦点墙面，其他墙面起衬托、陪衬的作用，通常这个焦点墙面就是电视墙。客厅的其他墙面采用乳胶漆，而电视墙采用壁纸，很容易把人们的视线吸引到焦点墙面上来。

　　壁纸一般分为暖色系和冷色系，冷色系比较适合朝南的客厅，而暖色系比较适合营造温暖一些的氛围。在现代风格装饰中，可以选择略带反光光泽的壁纸，从而体现出客厅的工业感和现代感。也可以用纯色的饰面板，配合具有夸张的艺术感的壁纸，从而彰显主人的个性。

泰柚木饰面板

白枫木装饰线

印花壁纸

印花壁纸

条纹壁纸

印花壁纸

肌理壁纸

白枫木饰面板拓缝

茶色镜面玻璃

水曲柳饰面板

装饰灰镜

白枫木装饰线

雪弗板造型

桦木饰面板

印花壁纸

桦木装饰线密排

白枫木装饰线

陶瓷锦砖

黑色烤漆玻璃

黑色烤漆玻璃

布艺软包

客厅设计的基本要求

1.视觉的宽敞化。客厅的设计中，制造宽敞的感觉非常重要，不管原有的空间是大是小，在室内设计中都需要注意这一点。宽敞的空间可以给人带来轻松的心境和欢愉的心情。

2.空间的最高化。客厅是居室中最主要的公共活动空间，不管是否做人工吊顶，都必须确保空间的最高化。客厅应是居室中净高最大的空间（楼梯间除外），这种最高化包括通过使用各种视错觉处理达到的效果。

3.景观的最佳化。在室内设计中，必须确保从各个角度所看到的客厅都具有美感，客厅应是整个居室中最漂亮、最有个性的区域。

4.交通的最优化。客厅的布局应该考虑交通的便利性。无论是从侧边通过的客厅，还是从中间横穿的客厅，其交通流线都应顺畅。当然，这种顺畅是在条件允许的情况下形成的。

5.家具的适用化。客厅使用的家具，应考虑家庭成员活动的适用性。

客 厅
KE TING

肌理壁纸

印花壁纸

泰柚木饰面板

黑色烤漆玻璃

石膏板拓缝

浅灰色大理石

米色网纹玻化砖

桦木饰面板

印花壁纸

茶色烤漆玻璃

印花壁纸

白色玻化砖

装饰银镜

密度板肌理造型

中花白大理石

车边银镜

木纹大理石

石膏板肌理造型

印花壁纸

爵士白大理石

白枫木踢脚线

云纹大理石

有色乳胶漆

仿古砖

白枫木踢脚线

米色大理石

皮纹砖

黑色烤漆玻璃

条纹壁纸

米白色洞石

仿古砖

米色洞石

黑色烤漆玻璃

米色大理石

羊毛地毯

木纹大理石

雪弗板雕花

中花白大理石

白色玻化砖

印花壁纸

客厅整体色彩的设计

　　客厅的色彩设计应根据主人的喜好和兴趣展开，根据主人性格、阅历和职业的不同而有所不同。根据要求不同，应先确定客厅的主色调，再搭配装饰色。如果主色调为红色，装饰色就不能太强烈；如果主色调为绿色，地面和墙面就可设计为淡黄色，家具可设计为奶白色，这种颜色的搭配能给人清晰、细腻的感觉，使整个房间显得轻快、活泼；橙黄色的主色调应选用比其稍深的颜色作装饰，以取得和谐、温馨的效果；如果地面用茶绿色，墙面最好用灰白色。

水曲柳饰面板

印花壁纸

石膏板肌理造型

中花白大理石

泰柚木饰面板

印花壁纸

白色人造大理石

印花壁纸

浅咖啡色网纹大理石

黑色烤漆玻璃

装饰灰镜

黑镜装饰线

雕花银镜 ......

米色大理石 ......

中花白大理石 ......

装饰灰镜

皮纹砖

黑色烤漆玻璃

布艺软包

石膏顶角线

石膏板拓缝

装饰灰镜

米色玻化砖　　　　　　　　　　　　　　雪弗板雕花贴黑镜

条纹壁纸

肌理壁纸

装饰茶镜

米色洞石

米黄色网纹大理石　　　　车边茶镜

雕花烤漆玻璃　　　　石膏板顶角线

实木浮雕描金　　　　胡桃木装饰线密排

客厅中的弧形造型如何选材

　　客厅设计中有弧形造型时，多用木夹板来做。但是由于木夹板湿胀率、干缩率大而造成的接缝开裂和板面变形问题很难解决，这一直是令施工单位和业主非常头疼的问题；而选用水泥纤维板又会一直保持应力，也可能造成开裂。

　　建议使用纸面石膏板经湿加工处理来进行弯曲，因为纸面石膏板在湿加工条件下，其板芯会发生塑性变形，避免弯曲应力的产生，而且干燥后纸面石膏板的强度也不受影响。在施工的时候先将板面进行润湿处理，然后慢慢进行弯曲，弯曲到位后不宜马上打钉固定，待纸面干燥后再打钉固定即可。

　　尽量选择进口的纸面石膏板，因为国产纸的纤维很短，湿后弯曲时容易拉裂，所以最好不要选用国产的纸面石膏板来弯曲。

黑色烤漆玻璃

雕花银镜

强化复合木地板

中花白大理石

木纹大理石

印花壁纸

黑镜装饰线

木质踢脚线

木纹大理石

羊毛地毯

白枫木装饰线

米白色洞石

强化复合木地板

雕花银镜

木纹大理石

密度板拓缝

装饰灰镜

米黄色洞石

肌理壁纸

印花壁纸

石膏板拓缝

强化复合木地板

羊毛地毯

白色釉面墙砖 ....

木纹大理石 ....

石膏板肌理造型

水曲柳饰面板

装饰银镜

印花壁纸

印花壁纸

羊毛地毯

印花壁纸

如何选用无框磨边镜面来扩大客厅视野

水银镜面是延伸和扩大空间视野的好材料。但是如果用得太多，或者使用的地方不合适，就会适得其反，要么变成练功房，要么成了高级化妆间。首先，镜面忌用到客厅的主体墙装饰上，尤其不适宜大面积使用；其次，镜面面积不应超过客厅墙面面积的2/5；最后，镜面的造型要选择简单的。还有一点要特别提醒大家，安装结束后，边口的打胶处一定要处理干净，以使其整洁且牢固，这样才美观、安全。

印花壁纸

强化复合木地板

印花壁纸

爵士白大理石

泰柚木饰面板

白色玻化砖

装饰银镜　　　　　　皮革软包

中花白大理石

装饰灰镜

桦木饰面板

白色玻化砖

白枫木饰面板

米黄色玻化砖

木纹大理石

中花白大理石

车边灰镜

镜面陶瓷锦砖

白枫木装饰线

皮纹砖

车边茶镜

白色玻化砖

印花壁纸

直纹斑马木饰面板

装饰银镜

艺术地毯

条纹壁纸

混纺地毯

强化复合木地板

云纹大理石

黑色烤漆玻璃

石膏板拓缝

木纹大理石

强化复合木地板

石膏板肌理造型

时尚客厅如何选购板式家具

1.表面质量。选购时主要看表面的板材是否有划痕、压痕、鼓泡、脱胶起皮和胶痕迹等缺陷；木纹图案是否自然流畅，不要有人工造作的感觉。

2.制作质量。板式家具在制作中是将成型的板材经过裁锯、装饰封边、部件拼装组合而成的，其制作质量主要取决于裁锯质量、边和面的装饰质量及板件端口质量。

3.金属件、塑料件的质量。板式家具均用金属件、塑料件作为紧固连接件，所以金属件的质量也决定了板式家具内在质量的好坏。金属件要求灵巧、光滑，表面电镀处理好，不能有锈迹、毛刺等，对配合件的精度要求更高。

4.甲醛释放量。板式家具一般以刨花板和中密度纤维板为基材。消费者在选购时，打开门和抽屉，若能闻到一股刺激性异味，造成眼睛流泪或引起咳嗽等状况，则说明家具中甲醛释放量超过标准规定，不能选购这类板式家具。

强化复合木地板

印花壁纸

雕花烤漆玻璃

强化复合木地板

皮纹砖

装饰灰镜

木纹玻化砖

条纹壁纸

石膏板浮雕

印花壁纸

肌理壁纸

木纹大理石

强化复合木地板

混纺地毯

黑色烤漆玻璃

黑胡桃木雕花贴银镜　　　　　　　黑色烤漆玻璃

泰柚木饰面板

艺术地毯

石膏板肌理造型

黑色烤漆玻璃

装饰灰镜

艺术地毯

装饰银镜

米色玻化砖

石膏板拓缝

印花壁纸

条纹壁纸

木纹大理石

黑色烤漆玻璃

黑镜装饰线

印花壁纸

茶色镜面玻璃

黑胡桃木饰面板

如何设计客厅地面的色彩

1.家庭的整体装修风格和理念是确定地板颜色的首要因素。深色调地板的感染力和表现力很强，个性特征鲜明；浅色调地板风格简约，清新典雅。

2.要注意地板与家具的搭配。地面颜色要衬托家具的颜色并以沉稳柔和为主调，浅色家具可与深浅颜色的地板任意组合，但深色家具与深色地板的搭配则要格外小心，以免造成让人感觉压抑的氛围。

3.居室的采光条件也限制了地板颜色的选择范围，尤其是楼层较低、采光不充分的居室则要注意选择亮度较高、颜色适宜的地面材料，尽可能避免使用颜色较暗的材料。

4.面积较小的房间地面宜选择暗色调的冷色，可以使空间显得开阔。如果选用色彩明亮的暖色地板，就会使空间显得更狭窄，增加压抑感。

红樱桃木饰面板

水曲柳饰面板

木纹大理石

羊毛地毯

雕花茶镜

强化复合木地板

雪弗板雕花贴黑镜

印花壁纸

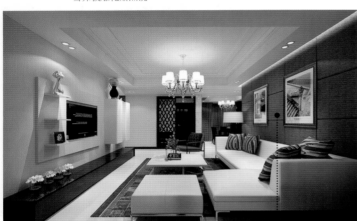

布艺软包

泰柚木饰面板

装饰银镜

密度板拓缝

黑色烤漆玻璃

陶瓷锦砖

条纹壁纸

黑色烤漆玻璃

陶瓷锦砖

泰柚木饰面板

装饰银镜

雪弗板雕花贴银镜

羊毛地毯

黑色烤漆玻璃

黑胡桃木饰面板

仿洞石玻化砖

装饰灰镜

泰柚木饰面板

装饰灰镜

茶镜装饰条

水曲柳饰面板

黑色烤漆玻璃

强化复合木地板

中花白大理石

羊毛地毯

泰柚木饰面板

餐厅装修的正确定位

　　餐厅装修设计是整个家庭装修中较为轻松的部分，不过也是最容易让人放松警惕的环节。餐厅的总体布局是通过使用空间、装饰等要素的完美组织所共同创造的一个整体。由于餐厅空间有限，所以许多建材与设备，均应作经济有序的组合，以显示出形式之美。餐厅材料的运用对装修的成败至关重要，因为材料不仅体现了文化的元素以及装修的定位，而且更会对整个装修预算产生影响。餐厅设计时颜色的选择与整体格调，也会表现出主人的个性和品位。其中也包含灯光等光影效果，其也是营造餐厅氛围的重要因素。

餐 厅
CAN TING

泰柚木饰面板

直纹斑马木饰面板

强化复合木地板

装饰银镜

强化复合木地板

白色人造大理石踢脚线

陶瓷锦砖

陶瓷锦砖

桦木饰面板

有色乳胶漆

米色玻化砖

泰柚木饰面板

浅咖啡色网纹大理石波打线

车边银镜

强化复合木地板

黑色烤漆玻璃

陶瓷锦砖

白色玻化砖

白枫木踢脚线

木纹玻化砖

黑色烤漆玻璃

白枫木踢脚线 ·········

车边灰镜 ·········

仿洞石玻化砖

装饰银镜

仿皮纹壁纸

茶色镜面玻璃

肌理壁纸

陶瓷锦砖

深咖啡色网纹大理石波打线

现代时尚风格餐厅的特点

现代时尚风格餐厅是区别于古典风格餐厅来说的，实际上其还可以分为现代简约风格餐厅、现代休闲风格餐厅等。现代风格餐厅的设计理念是：主张餐厅要满足现代社会人们的生活方式和进餐习惯，并成为体现现代物质文明、生活方式、餐饮文化的平台。现代风格的餐厅注重时代感，崇尚个性、潮流、时尚，在空间分隔上注重实用性，在装饰造型上主张舒适、简洁，在色彩运用上多用纯色和中性色，力求演绎出主人独特的生活情趣。除了单纯的色彩配合外，很多现代风格的餐厅在墙壁上悬挂银饰壁挂、黑白照片和壁画等，也能取得较为丰富的视觉效果，使身处其中的人们体会到生活的乐趣。

红松木吊顶

强化复合木地板

米色玻化砖

陶瓷锦砖

有色乳胶漆

装饰银镜

雪弗板雕花

有色乳胶漆

羊毛地毯

雕花银镜

深咖啡色网纹大理石踢脚线

肌理壁纸 ....

仿洞石玻化砖 ....

白色玻化砖 ....

中花白大理石

强化复合木地板

车边银镜

伯爵黑大理石波打线

装饰灰镜

木纹大理石

车边银镜

实木地板

强化复合木地板

白枫木踢脚线

印花壁纸

磨砂玻璃

米色玻化砖

现代时尚风格餐厅的设计

现代时尚风格的餐厅注重便利性，不仅是空间布局，而且餐厅家具的造型和设计都要考虑这一点。餐厅墙的装饰材料中会较多地运用不锈钢、铝材、玻璃等，装饰色彩也可以使用贴近这些材料的中性色，这样会使整个空间的现代感更加强烈。近年来，也有很多现代风格的餐厅融入了小吧台的设计，成为整个空间中的一个亮点。小吧台可以取代传统的、正式的餐厅设计，使餐厅和其他居室融为一体，不但节省了空间，而且可以使吧台下的空间得到充分利用。吧台可以采用黑白经典的色彩或新型的金属材料，搭配时尚、简约的餐椅，诠释出现代风格餐厅的经典韵味。

白枫木踢脚线

强化复合木地板

强化复合木地板

米黄色网纹玻化砖

木质搁板

仿古砖

装饰灰镜

中花白大理石

白色玻化砖

泰柚木踢脚线

车边茶镜

肌理壁纸

白色玻化砖

雪弗板雕花

印花壁纸

直纹斑马木饰面板

卧室装修如何隔声

卧室应选择吸声性能、隔声性能均好的装饰材料，如触感柔细美观的布贴，具有保温、吸声功能的地毯以及木质地板都是卧室的理想之选。大理石、花岗石、地砖等较为冷硬的材料则不太适合卧室使用。卧室里做隔声处理可以装隔声板，但要在原有的墙体上加厚20~30cm，才能达到较好的隔声效果。窗帘应选择遮光性、防热性、保温性以及隔声性较好的半透明的窗纱或双重花边的窗帘。若卧室里带有卫生间，则要考虑到地毯和木质地板怕潮湿的特性，卧室的地面应略高于卫生间，或者在卧室与卫生间之间用大理石、地砖设门槛，以防潮气。

卧 室
WO SHI

强化复合木地板

强化复合木地板

布艺软包

强化复合木地板

密度板拓缝

仿木纹壁纸

泰柚木饰面板

强化复合木地板

羊毛地毯

肌理壁纸

布艺软包

石膏板顶角线

强化复合木地板

条纹壁纸

强化复合木地板

白枫木饰面板

布艺软包

印花壁纸

泰柚木饰面板

肌理壁纸

肌理壁纸

皮纹砖

印花壁纸

条纹壁纸

密度板拓缝

水曲柳饰面板

装饰银镜 实木地板

皮革软包

黑胡桃木饰面板

印花壁纸

强化复合木地板

卧室装修材料的选择

　　卧室是供人们休息的地方，卧室的装修材料最好对睡眠有促进作用，因此建议选择温和一点的材料。目前卧室常见的装修材料有天然木材、乳胶漆和瓷砖。如果是儿童房，最好选用污染程度最小的天然木材，可以通过墙壁的颜色或者屋内的装饰来协调，以利于孩子健康成长。卧室墙面最好贴上壁纸，营造出温馨的氛围，壁纸的选择也应与主人的年龄、身份等相配。另外，卧室里不宜选择具有反光性的材料，否则会对睡眠产生很大的影响。

印花壁纸

强化复合木地板

白枫木装饰线

混纺地毯

木质搁板

印花壁纸

皮革软包

强化复合木地板

雕花茶镜

仿木纹壁纸

白枫木装饰线

有色乳胶漆

直纹斑马木饰面板

雕花银镜

肌理壁纸

混纺地毯

水曲柳饰面板

羊毛地毯

艺术地毯

石膏装饰条

白枫木踢脚线

印花壁纸

卧室背景墙的设计

　　关于床头板以及床头背景墙,你完全可以按照自己的想法去设计,使之独特且充满韵味。有的时候最简单的装饰也可以营造出让人感觉温暖的美感。如用艺术画多组并列来作为床头背景墙的装饰,就不失为一种简单的办法。你可以挑选一组照片,将它们镶进相框中,为了保持它们的连贯性,相框底衬尺寸要统一,颜色要搭配好。也可以采用布艺或皮革软包,只需选择喜爱的材料,就能获得不错的视觉效果。需要注意的是,床头软包多以织物和皮革包裹,应当用沾有消毒剂的湿布经常擦洗,这样才利于人的健康。总之,用什么装饰都不重要,只要精心搭配卧室的整体风格,效果就一定会出彩。

强化复合木地板

肌理壁纸

布艺软包

强化复合木地板

有色乳胶漆

印花壁纸

印花壁纸

雕花银镜

布艺软包

印花壁纸

新书速递 NEW!

编写人员名单（排名不分先后）

许海峰　邓 群　吕梓源　张 淼　王凤波　吕翠英　吕 源

王双双　许建伟　陈素敏　魏大海　孔祥云　杨筱瑶　韩庆彪

谢蒙蒙　董亚梅　任志军　田广宇　童中友　张志红

地址：北京市百万庄大街22号
邮政编码：100037
电话服务
服务咨询热线：010-88361066
读者购书热线：010-68326294
　　　　　　　010-88379203
网络服务
机工官网：www.cmpbook.com
机工官博：weibo.com/cmp1952
金书网：www.golden-book.com
教育服务网：www.cmpedu.com
封面无防伪标均为盗版

机械工业出版社微信服务号

微信扫一扫
享受更多优质服务
赢取精美建筑图书

上架指导 装饰装修
ISBN 978-7-111-49291-7
策划编辑◎宋晓磊 / 封面设计◎锐扬图书

ISBN 978-7-111-49291-7

9 787111 492917

定价：29.80元

- 分享版 -

新锐设计师的优秀作品

《创新家装设计选材与预算》编写组 编

创新家装设计选材与预算

客厅32p + 餐厅20p + 卧室20p + 厨房10p + 卫浴10p

低调奢华

分享**海量**新鲜案例 ■
家庭装修**材料标注**识别 ■
材料选购及**参考价格**预算 ■

机械工业出版社
CHINA MACHINE PRESS